Lars Wartenberg

Häfen als Wirtschaftsfaktor

GRIN Verlag

Bibliografische Information der Deutschen Nationalbibliothek:

Die Deutsche Bibliothek verzeichnet diese Publikation in der Deutschen National-
bibliografie; detaillierte bibliografische Daten sind im Internet über http://dnb.d-
nb.de/ abrufbar.

Impressum:

Copyright © 2002 GRIN Verlag GmbH
Druck und Bindung: Books on Demand GmbH, Norderstedt Germany
ISBN: 978-3-640-35671-3

Dieses Buch bei GRIN:

http://www.grin.com/de/e-book/27722/haefen-als-wirtschaftsfaktor

Grundseminar Wirtschaftsgeografie, WS 2002/2003

Häfen als Wirtschaftsfaktor

Lars Wartenberg

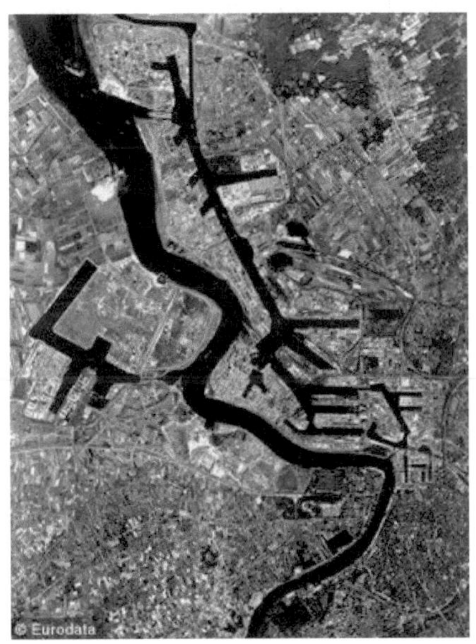

1. Einleitung

1.1. Die Bedeutung von Wasserwegen und Häfen

Wasserwege sind die ältesten Handels- und Verkehrswege überhaupt. Ihre Bedeutung nahm auch mit der zunehmenden Entstehung von Strassen nicht ab, sondern ist auch gerade heute von grosser Wichtigkeit. Damals waren es vor allem der schlechte Zustand vieler Wege und Strassen, der den Transport von Waren besonders auf längeren Distanzen problematisch machten (was natürlich auch heute in vielen Ländern eine Rolle spielt). Hinzu kamen Wegzölle und die beschränkten Transportmöglichkeiten (v.a. bzgl. der zu transportierenden Mengen). Zudem würden verkehrstechnische Gründe eine Beförderung solch grosser Mengen, wie sie heute von Schiffen bewältigt werden, nicht zulassen. Die räumliche Anordnung von Handel und (später) Industrie, und somit auch die wirtschaftliche Bedeutung einer Region oder eines (Stand)ortes, ist somit ursprünglich immer an Wasserwege gebunden gewesen.

Grundsätzlich ist der Prozess der Ausbreitung der Industrie „nicht denkbar ohne den vorausgehenden oder mindestens gleichzeitigen Ausbau leistungsfähiger Verkehrssysteme" [Voppel, G.; Die Industrialisierung der Erde, Teubner 1990].

Heute ist der Transport von Gütern auf dem Wasserwege eine umweltfreundliche und kostengünstige Alternative zum Transport auf der Strasse oder auf dem Luftweg. Die durchschnittlichen Transportkosten pro Tonne eines Grosstankers von 400000 dwt (Ladefähigkeit = dead weight tons, gesamtes Zuladungsgewicht eines Handelsschiffes) belaufen sich auf weniger als die Hälfte der Kosten eines Tankers mit 80000 dwt Tragfähigkeit [Voppel, G.; Die Industrialisierung der Erde, Teubner 1990; aus: R. Stromberg und H. Glockner S. 167].

Schifffahrt und Häfen sichern Arbeitsplätze und sind somit eine Grundlage für Wirtschaftswachstum in vielen Regionen. Hafen- und Logistikwirtschaft sowie der damit verbundene Aussenhandel sind Wachstumsmotoren der Wirtschaft und somit ein entscheidender Wirtschaftsfaktor. Häfen sind existenzsichernd und darüber hinaus auch identitäts- und imagebildend (was beispielsweise auch für den Tourismus sehr wichtig ist).

„Moderne Seehäfen ... befinden sich in einer tiefgreifenden Umbruchphase, die ihre innere und äussere Struktur grundlegend verändern und ihre Aufgaben neu definieren.
Vom reinen Umschlagsplatz für Stück- und Masssengut entwickeln sie sich hin zu logistischen High-Tech-Zentren mit einer ganzen Palette neuer Funktionen und Arbeitsfelder insbesondere auf dem Dienstleistungssektor. Diese vielfältigen neuen Aufgaben verbinden die grossen Seehäfen wesentlich enger als früher mit dem Umland durch ein Netz komplexer wirtschaftlicher Beziehungen" [Logistisches Dienstleistungszentrum Hafen Hamburg – Chancen einer neuen Ära; Wirtschaftsbehörde Freie und Hansestadt Hamburg].

Auch technische Neuerungen sind ein bedeutender Faktor, der die Bedeutung des Wirtschaftsfaktors Hafen unterstützt und vergrössert. „Auch im interkontinentalen Verkehr ist der technische Fortschritt wirksam ausgeprägt. So sind grösser und schneller gewordene Schiffe beim Massen- und Stückguttransport der jüngeren Zeit ebenso wie der Einsatz zahlreicher Spezialschiffe, zum Beispiel von Kühlschiffen, Flüssiggastankern und Containertransportern als Neuerungen anzusehen, die die Reichweiten von Rohstoffen und Industrieerzeugnissen und damit die industrieräumliche Ordnung der Erde sowie die internationalen Austauschbeziehungen mit Rohstoffen und Industriegütern nachhaltig beeinflusst haben" [Voppel, G.; Die Industrialisierung der Erde, Teubner 1990]. Allein von 1960 bis Ende der 70er Jahre hat sich die durchschnittliche Grösse der Seeschiffe um einen Faktor von etwa 3,6 vergrössert. „Bei den Tankern hat sich während dieses Zeitraums die Tragfähigkeit verdreifacht" [Voppel, G.; Die Industrialisierung der Erde, Teubner 1990; aus: Shipping Statistics Yearbook 1979].

Aus den oben genannten Gründen ist das Thema Häfen auch aus wirtschaftsgeografischer Betrachtungsweise bedeutsam. Die vorliegende Arbeit versucht eine differenzierte Übersicht über Häfen, hinsichtlich ihre Typisierung, Funktion und wirtschaftlicher Bedeutung zu geben.

2. Hafentypen

2.1. Abgrenzung zwischen Seehafen und Binnenhafen

Ein Binnenhafen ist an eine Binnenwasserstrasse und ein Seehafen an eine Seewasserstrasse gebunden. Die Grenze zwischen Binnenwasserstrasse und Seewasserstrasse ist die (schwankende) Einflussgrenze von Ebbe und Flut in der Flussmündung [Press, H.; Binnenwasserstrassen und Binnenhäfen (=Wasserstrassen und Häfen), Teil 1, Berlin, 1956, Seite 2].

2.2 Binnenhäfen

In Deutschland werden mehr als 100 öffentliche Binnenhäfen betrieben. Diese haben hauptsächlich eine Verteilungsfunktion für das Hafenumland und das Hafenhinterland. Sie sind multifunktional, das bedeutet, dass sie über eine breitgefächerte Leistungspalette verfügen, und in ihnen Güter unterschiedlichster Art gelagert, behandelt und verteilt werden. Öffentliche Binnenhäfen verfügen oft über weit reichende, für die Schifffahrt bedeutsame, zentrale Funktionen. Beispielsweise ist der Binnenhafen Duisburg-Ruhrort gleichzeitig „Sitz der meisten grossen Binnenreedereien, sowie bedeutender behördlicher, verkehrswirtschaftlicher und kaufmännischer Ämter, Organisationen, Verbände und Vertretungen". Privathäfen oder Werkshäfen dienen hingegen der Versorgung einzelner Industrieunternehmen und sind somit im Gegensatz zu den öffentlichen Binnenhäfen monofunktional. [Woitschützke, C.P.; Verkehrsgeographie, 2. Auflage, Stam]. Ein Binnenhafen ist ein "Dienstleistungszentrum", das sowohl eine „verkehrstechnische wie wirtschaftliche Aufgabe" erfüllt [Meyer, W.; Das wirtschaftsgeographische Element bei Seehafenstandorten, in: Zeitschrift für Geographie, 1. Jahrgang, 1957, S.212] .

Die folgende Tabelle zeigt eine Übersicht von Binnenhäfen, unterteilt nach Hafentypen und Aufgaben [Woitschützke, C.P.; Verkehrsgeographie, 2. Auflage, Stam, S. 167]:

2.2.1. Binnenhafentypen

Merkmal nach der ...	Hafentyp / Hafenbezeichnung	Beispiel	Wasserweg	Vorrangige Aufgaben
Lage	Flusshafen	Ludwigshafen	Rhein	Versorgungs- und Industriehafen (Chemie)
	Kanalhafen	Dortmund Münster	DEK	Einfuhr- und Verteilerhafen, weitreichende Hinterlandversorgung
Umschlagsgröße	Kleiner Hafen	Vlotho	Weser	Stadtversorgung
	Mittlerer Hafen (0,5 – 4 Mio.t)	Königs Wusterhausen	Dahme	Stadtversorgung
	Großer Hafen (> 4 Mio.t)	Köln	Rhein	Handels- und Versorgungshafen für Benzin und Heizöl
Funktion	Umschlagshafen	Aken	Elbe	Wechsel von Verkehrsträgern
	Versorgungshafen	Dorsten, Lünen	WDK	Gewerbe- und Schifffahrtsversorgung
	Industriehafen	Neuss Dortmund	Rhein DEK	Bedienung der Hafenindustrien
	Handelshafen	Duisburg	Rhein	Handel mit Rohstoffen, Schrott etc.
Verkehrstechnische Struktur	Hafen	Bonn, Köln	Rhein	s.o.
	Umschlagplatz	Stromkai D'dorf-Reisholz	Rhein	Umschlag Schiff/LKW am freien Strom
	Umschlagstelle	Umschlagskai Ford-Werke	Rhein	Wasserseitiger Umschlag von Energiestoffen
Besitzstruktur	Öffentlicher Hafen	Bonn, Neuss, Duisburg	Rhein	s.o.
	Privathafen	Rhein-Lippe-Hafen Wesel	Rhein/ WDK	Privatversorgung eines Betriebes
	Mischformen	Orsoy	Rhein	Betriebsversorgung
Umschlagstruktur	Erzhafen (Hüttenhafen)	Schwelgern	Rhein	Erzumschlag und -Lagerung
	Kohlehafen (Zechenhafen)	Walsum-Nord	Rhein	Kohleumschlag und -Lagerung
	Mineralölhafen	Köln-Niehl	Rhein	Zwischenlagerung und Verteilung
	Containerhafen	Emmerich	Rhein	Containerumschlag Binnenschiff-Bahn, LKW
		Stürzelberg	Rhein	

Binnenhäfen, die aufgrund der Leistungsfähigkeit ihrer Wasserstrasse auch seegängige Schiffe aufnehmen können, haben genauso wie Seehäfen eine „Mittlerstelle" zwischen „Produktion und Verkehr, zwischen Land und Meer, Inland und Ausland und eigentlich zwischen Kontinent und Kontinent" [Meyer, W.; Das wirtschaftsgeographische Element bei Seehafenstandorten, in: Zeitschrift für Geographie, 1. Jahrgang, 1957, S.206-213].

2.2.2. Binnenhäfen im Rahmen der Wirtschaftsgeografie

Binnenhäfen werden im Rahmen der Wirtschaftsgeografie schwerpunktmässig unter verkehrsgeographischen Aspekten untersucht. „Als Verkehrsknotenpunkte sind sie wasserseitig mit einer Küste und je nach Tiefe des Wasserweges direkt durch Schifffahrt mit Gegenküsten verbunden. Landwärtig bestehen – ja nach Reichweite der landwärtigen Anschlusstransportsysteme Strasse, Schiene, Pipeline – enge Verkehrsbeziehungen zur Hafenstadt und über diese hinaus" [Binnenschiffahrt 1992/93, Geschäftsbericht 1992/93 des Bundesverbandes der Deutschen Binnenschiffahrt e.V.].

Ein Binnenhafen fördert Handelsaktivitäten „als Quelle und Ziel von Warenströmen" [Binnenschiffahrt 1992/93, Geschäftsbericht 1992/93 des Bundesverbandes der Deutschen Binnenschiffahrt e.V.]. Ausserdem ziehen Häfen Industrie- und Gewerbebetriebe an, weil in Hafennähe im Gegensatz zu anderen Unternehmensstandorten die Transportkosten (beim Bezug und beim Versand von Gütern) wesentlich geringer sind. Aus diesen Gründen muss der Binnenhafen auch aus handelsgeografischer und industriegeografischer Sicht beschrieben und untersucht werden.

Des weiteren können bezüglich des Binnenhafens „Hafenwasser-, Hafenland- und Hafensiedlungsraum anhand ihrer Wirtschaftspotenziale analysiert werden" [Voppel, G., Grundlagen der räumlichen Ordnung der Wirtschaft, in: Wirtschaftsgeographie und Wirtschaftswissenschaften, Frankfurter Wirtschafts- und Sozialgeographische Schriften 1984, S. 44]. Dies kann auf drei verschiedenen Ebenen geschehen [nach: Voppel, G., 1984]:

1.: Primärpotenziale: Von der Natur aus vorhandene Potenziale eines Raums bezüglich seiner wirtschaftlichen Entwicklung.

2.: Sekundärpotenziale: Alle vom Menschen erschaffenen Vorteile eines Raums bezüglich des ökonomischen Prozesses (z.B. Infrastruktur, Hafen- und Industrieanlagen, aber auch von der Bevölkerung und der Landwirtschaft genutzte Flächen).

3.: Tertiärprozesse: Politische oder wirtschaftspolitische Entscheidungen, die raumungebun – den wirken. Sie können sich positiv oder negativ auf die Wettbewerbsfähigkeit eines Hafens auswirken.

Tertiärpotenziale können anhand verschiedener Massnahmen bestimmt und bewertet werden. Dazu gehören hafenbezogene Massnahmen wie beispielsweise die Investitionspolitik der Hafengesellschaften oder der im Hafen ansässigen unternehmen, sowie Miet-, Pachtzins-, Tarif- und Gebührenpolitik (der Hafengesellschaften), handelspolitische Massnahmen wie Zoll- und Steuerpolitik und der Freihafenstatus, und Massnahmen, die zur Steigerung gezielter Industrieansiedlung durch Steigerung der Nachfrage nach Verkehrsleistungen führen. Dazu zählen Steuervorteile für Investoren, Bereitstellen moderner Verkehrs- und Kommunikationseinrichtungen, sowie die Förderung von qualifizierten Arbeitskräften [Niklas, K.P., Singapur – Beispiel einer weltmarktorientierten Industrialisierungspolitik, 1977, Ökonomische Studien, Band 24, Hrsg.: K. Schiller, Stuttgart].

Ausserdem müssen die politischen Massnahmen, die für einen Binnenhafen im Rahmen der nationalen Verkehrspolitik relevant sind berücksichtigt werden.

„Für die wirtschafts- und verkehrsgeografische Analyse von Binnenhäfen ist das Primärpotenzial geografische Lage eine zentrale Untersuchungseinheit, weil ein Hafenplatz dort entsteht, wo es Ufer, Meer/Fluss und Hinterland dem Menschen ermöglichen, Waren oder Personen über den Wasserweg zu transportieren und zu erhalten (modifiziert nach Meyer 1957, S. 207-208). Die Meer-, Fluss- und Landlage bestimmen die Verkehrs- und Wirtschaftsstellung des Hafens im Wirtschhaftsraum" [Binnenschiffahrt 1992/93, Geschäftsbericht 1992/93 des Bundesverbandes der Deutschen Binnenschiffahrt e.V.].

Der Begriff der „geografischen Lage" wird in die kleinräumige und die grossräumige Lage unterteilt. Die kleinräumige Lage wird durch die von klimatischen Einflüssen, der Morphologie des Ufers und der Beschaffenheit des Gewässers abhängigen Uferlage bestimmt. Die grossräumige Lage wird durch die „Küsten-, Meer-, Fluss- und Land- bzw. Hinterlandlage bestimmt (Mecking 1930)" [Binnenschiffahrt 1992/93, Geschäftsbericht 1992/93 des Bundesverbandes der Deutschen Binnenschiffahrt e.V.].

2.3. Seehäfen

„Die eigentliche Aufgabe von Seehäfen ist die des Güterumschlags zwischen der See und dem Land" [Woitschützke, C.P., Verkehrsgeographie].

Seehäfen können nach unterschiedlichen Einordnungskriterien unterteilt werden. Beispielsweise ist eine Unterteilung bezüglich der Lage möglich. Hier unterscheidet man zwischen offenen und geschlossenen Häfen. Zu den offenen Häfen gehören Tidehäfen. Sie sind dadurch charakterisiert, dass sie mit dem Meer in freier Verbindung stehen und „von Seeschiffen unterschiedlicher Grösse jederzeit unabhängig der Gezeiten angelaufen werden" können [Woitschützke, C.P., Verkehrsgeographie]. Offene Tidehäfen sind schleusenlos und somit zeitsparend, wie beispielsweise die Häfen Rotterdam, Hamburg, Bremen. Zu den offenen Häfen gehören auch die Fluthäfen, die aber nur während der Flut angefahren oder verlassen werden können. Geschützte Ankerflächen vor der Küste werden als Reedehäfen bezeichnet, denn das Wort „Reede" bedeutet Ankerfläche. Solche Häfen finden sich vorwiegend an Orten, an denen die wirtschaftliche Bedeutung des Hafenplatzes nur von geringer Bedeutung ist, was besonders für einige vorderasiatische und westafrikanische Häfen zutrifft. Geschlossene Häfen sind die sogenannten Dockhäfen, die aufgrund ihrer Abhängigkeit von den Gezeiten durch Docks oder Schleusenkammern abgeschlossen sind. So wird eine von den Gezeiten unabhängige Nutzung ermöglicht.

Weiterhin können Häfen auch nach ihrer Funktion unterteilt werden. Dabei wird zwischen multi- und monofunktionalen Handelshäfen unterschieden.

Eine besondere Form des multifunktionalen Hafens sind die sogenannten Universalhäfen. Kein anderer Hafentyp ist so vielseitig. Sie verfügen über ein sehr weit gefächertes Dienstleistungsangebot. Handelsfunktionen und zahlreiche „sichtbare und nicht sichtbare Betriebseinrichtungen" [Woitschützke, C.P., Verkehrsgeographie], grosse Leistungskapazitäten, integrierte Freihäfen und sehr viele unterschiedliche speditionelle

Dienstleistungen. Sowohl Containeranlagen als auch Mehrzweck-Terminals sind vorhanden und auch Roll on/Roll off – Ladungen werden umgeschlagen. Konventioneller Stück- und Sackgutumschlag nimmt ebenso wie Sauggüter (z.B. Getreide), Greifergüter (z.B. Kohle) und Flüssiggüter einen breiten Raum ein.

Zu den weltweit grössten Universal- und gleichzeitig auch Containerhäfen gehören u.a. Antwerpen, Rotterdam, Hamburg, Hongkong, New York.

Im Gegensatz zu den Universalhäfen schlagen Gemischthäfen viele, aber nicht alle Güter um. Die Übergänge sind fliessend, denn viele Gemischthäfen, wie beispielsweise Kiel oder Emden, sind aufgrund ihrer zunehmenden Spezialisierung auf dem Weg zum monofunktionalen Hafen.

Solche monofunktionalen Häfen werden auch als Spezialhäfen bezeichnet. Sie sind durch ihre Spezialisierung auf ein bestimmtes Gut (meistens Massengut), eine bestimmte Handelsform oder eine bestimmte Verkehrsrichtung charakterisiert. Mehrere Häfen sind in Universalhafen und monofunktionalen Hafen aufgeteilt. Dies gilt beispielsweise für stark spezialisierte Einfuhrhäfen wie Rotterdam (Erdöl, Erz). Solche Häfen verfügen sowohl über Massengut-Umschlaganlagen als auch über Stückgut-Abfertigungsanlagen. Technisch gesehen unterscheiden sich Spezialhäfen deutlich von anderen Häfen. Beispielsweise muss ein auf Erdöl spezialisierter Hafen über Pipeline-Anschlüsse, Tanklager, Rohrverbindungen, Abfüllstationen und teilweise auch über besonders tiefe Hafenbecken verfügen (um auch die grossen Tankschiffe löschen zu können) [Woitschützke, C.P., Verkehrsgeographie].

2.3.1. Seehafentypen

Nach der Meereslage		Nach der Funktion			Nach der Verkehrsbedeutung		
Offener Hafen	Geschlossener Hafen	Handelshafen		Sonstiger Hafen	Lokal- hafen	Regional- hafen	Welt- hafen
-Tidehafen -Fluthafen -Reedehafen	-Dockhafen	multi-funktional -Universal-hafen -Gemischt-hafen	mono-funktional -Spezial hafen	-Fischereihafen -Kriegshafen -Schutzhafen -Zollhafen -Nothafen -Versorgungs- und Reparaturhafen			

[Woitschützke, C.P., Verkehrsgeographie]

2.3.2. Seehäfen als „Tore zur Welt"

Insgesamt gibt es weltweit weit über 7000 Seehäfen. Die meisten von ihnen erfüllen jedoch nur lokale oder regionale Aufgaben. Davon können nur etwa 1500 als Welthafen bezeichnet werden, denn für diese Einordnung sind einige Leistungsmerkmale aufzuweisen.
Vor allem muss der jeweilige Hafen „in das Netz der Linienschifffahrt eingebunden sein" [Woitschützke, C.P., Verkehrsgeographie]. Ausserdem muss er über eine gute und vielseitige Suprastruktur verfügen und eine umfangreiche Infrastruktur besitzen. Das heisst, dass der Hafen mit allen Einrichtungen, die der Besorgung, dem Umschlag, der Lagerung, sowie der Verarbeitung und Weiterbeförderung innerhalb des Hafens oder darüber hinaus ausgestattet sein muss (Suprastruktur). Hierzu gehören beispielsweise sowohl Kräne oder Förderbänder als auch Lagerhallen und Büros. Die Infrastruktur umfasst alle Anlagen und Einrichtungen, die die Arbeit der Verkehrsanlage (in diesem Falle des Seehafens) ermöglichen oder sicherstellen. Dazu gehören Strassen und Gleisanlagen oder auch die Strom- und Wasserversorgung.
Mit Umschlagleistungen von jährlich mehr als 20 Mio. t zählen weltweit etwa 60 Seehäfen zu den umschlagstarken Universal-Welthäfen. [Woitschützke, C.P., Verkehrsgeographie].

Für Industriestaaten mit einem grossen Aussenhandelsvolumen haben Seehäfen eine besondere Bedeutung. Über die Häfen wird nämlich mengen- und wertmässig der grösste Anteil des weltweiten Warenaustauschs abgewickelt. „Die Bedeutung der Seehäfen erstreckt sich aber bei weitem nicht nur auf den Güterumschlag, vielmehr sind die grossen Seehäfen heute auch immer Konzentrationspunkte von Handel und Industrie" [Woitschützke, C.P., Verkehrsgeographie]. Seehäfen beeinflussen die gesamte Wirtschaft eines Landes. Sie haben im Rahmen der Weltwirtschaft eine Verknüpfungsfunktion bezüglich des interkontinentalen und kontinentalen Handels und Verkehrs. Je mehr die Volkswirtschaft einer an der See gelegenen Nation auf einen weltweiten Güteraustausch angewiesen ist, umso mehr wird (auch) innerhalb ihrer Verkehrswirtschaft ein besonderes Gewicht auf leistungsfähige Häfen gelegt werden [Woitschützke, C.P., Verkehrsgeographie ; aus: Engelhard, Weltverkehr].

2.3.3. Güterverkehr in führenden Seehäfen 1994/95

Rang	Hafen	Staat	Umschlag in Mio. t	
			Gesamt	davon Mineralöl und -produkte
1	Rotterdam	Niederlande	293,418	118,247
2	Singapur	Singapur	290,075	-
3	Chiba	Japan	173,688	-
4	Kobe	Japan	171,002	-
5	Shanghai	VR China	165,809	16,249
6	Nagoya	Japan	137,261	35,962
7	Yokohama	Japan	128,275	46,436
8	Hongkong	VR China	110,947	-
9	Antwerpen	Belgien	109,494	25,184
10	Kwangyang	Rep. Korea	100,264	-
11	Osaka	Japan	95,108	-
12	Inchon	Rep. Korea	93,1912	23,947
13	Kitakyushu	Japan	93,097	10,148
14	Marseille	Frankreich	91,062	-
15	Long beach	USA	83,344	-
16	Pusan	Rep. Korea	81,664	-
17	Kaoshiung	Rep. China	75,748	19,316
18	Tokio	Japan	73,690	21,517
19	Houston	USA	72,139	-
20	Corpus Christi	USA	70,441	-
21	Richard's Bay	Südafrika	69,666	-
22	Hamburg	Deutschland	68,439	-

-: keine Angaben. Quelle: Institut für Seeverkehrswirtschaft (ISL), Bremen u.a.; zitiert in: Fischer Weltalmanach 1997.   [Woitschützke, C.P., Verkehrsgeographie]

Sechs Welthäfen sind seit Jahren hinsichtlich des Güterumschlags am bedeutendsten. Bis auf Rotterdam handelt es sich um asiatische Häfen, die einen jährlichen Umschlag von deutlich mehr als 130 Mio. t zu verzeichnen haben.

2.3.4. Wirtschaftliche Entwicklungsschübe als Wachstumsfaktoren

„Für das enorme Wachstum vieler Seehäfen in den Industriestaaten... können ...vier markante wirtschaftliche Entwicklungsschübe genannt werden" [Woitschützke, C.P.; Verkehrsgeographie, 2. Auflage, Stam].

In Zusammenhang mit der wirtschaftspolitischen Entwicklung in Westeuropa kam es in den 50er und 60er Jahren zu einem starken Anstieg des Welthandels.

Ausserdem hat die Energiewirtschaft von Beginn an eine ausserordentlich bedeutende Rolle im Welthandel eingenommen. Und zwar in Form der Rohöl-Importe. Diese Entwicklung hatte auch einen starken Einfluss auf technische Neuerungen. Der Aufwärtstrend im Rohölhandel machte einige Veränderungen für die Seeschifffahrt notwendig: Schnellere und grössere Schiffe wurden benötigt.

Darüber hinaus kam es auch zu einer Modernisierung bezüglich der Technisierung im Umschlag und Transport. Dies erfolgte vor allem durch die Containerisierung. All diese Entwicklungen führten Jahr für Jahr um immense Steigerungsraten in fast allen wichtigen Hafenplätzen. Zahlreiche Industrieunternehmen verlagerten sich an die Küsten und Hafenstandorte um zusätzliche Transportkosten zu sparen. Somit profitierten nicht nur die Häfen von den Neuerungen. Auch die Industrieunternehmen konnten durch die Nähe zu den Hafenstandorten kostengünstiger produzieren [Woitschützke, C.P.; Verkehrsgeographie, 2. Auflage, Stam].

2.3.5. Maritime Wirtschaft

Als maritime Wirtschaft wird die seewärtig orientierte Wirtschaft bezeichnet. Diese stellt in Deutschland über 300000 Arbeitsplätze, verteilt auf vier grosse Wirtschaftsbereiche [Woitschützke, C.P.; Verkehrsgeographie, 2. Auflage, Stam]:

Neben den „traditionellen" Wirtschaftsbereichen wie der Seeschifffahrt, wozu die Reedereien zu zählen sind, sowie der Schiffbau, also Werften, und den Seehäfen als eigene Wirtschaftsunternehmen sind heute vor allem Dienstleistungsunternehmen charakteristisch und bedeutend für den Wirtschaftsfaktor Hafen. Die folgende Tabelle [Woitschützke, C.P.; Verkehrsgeographie, 2. Auflage, Stam] gibt eine Übersicht über grundlegende Daten der einzelnen Wirtschaftsbereiche der maritimen Wirtschaft in Deutschland.

2.3.5.1. **Deutschlands maritime Wirtschaft in Zahlen** (1997)

Wirtschaftsbereiche			
Seeschifffahrt	**Schiffbau**	**Seehäfen**	**Dienstleistungen**
-deutsche Flotte gesamt: 1645 Schiffe	-gebaute Schiffe: 83	**-Güterumschlag alle r deutscher Seehäfen: 211,5 Mio. t**	-Makler -Versicherer -Seehafenspediteure
-Gesamttonnage: 22 Mio. t	-gebaute Tonnage: 1 Mio. BRT		-Ausrüster -Spezialbanken
-Anteil an Welthandelsflotte: 3%		**-Investitionen: 1,1 Mrd. DM**	-Lagerhalter usw.
-Schiffe mit deutscher Flagge: 769	-Weltmarktanteil: 4,4%		
-Investitionsvolumen: 8,7 Mrd. DM	-Umsatz: 8,3 Mrd. DM	**-Einnahmen: 3,9 Mrd. DM**	
-Einnahmen: 12,43 Mrd. DM			
-Anzahl der Seeleute: 14000	-Beschäftigte: 25000	**-Beschäftigte: 24000**	

www.port-of-antwerp.com

3. Binnenhäfen genauer betrachtet

3.1. Die allgemeine wirtschaftliche Situation in Deutschland zu Beginn der 90er Jahre

Der Wirtschaftsstandort Deutschland ist noch immer in Ost und West geteilt. Besonders zu Beginn der 90er Jahre handelte es sich um „zwei stark unterschiedliche Wirtschaftsräume" [Binnenschiffahrt 1992/93, Geschäftsbericht 1992/93 des Bundesverbandes der Deutschen Binnenschiffahrt e.V.]. Im Jahre 1992 war ein Anstieg des realen Bruttosozialprodukts um 1,3% zu verzeichnen. In Ostdeutschland war entgegen der prognostizierten 10%- Steigerung nur 6,4% erwirtschaftet worden.

Auch die Zahl der Erwerbstätigen ist von 1990 bis 1992 um 2,6 Mio. gesunken.

Die weltweite Konjunkturlage „und ihre Auswirkungen auf die deutsche Wirtschaft..., die Abschwächungstendenzen im industriellen Bereich Westdeutschlandsund der eher zögerliche, schwergewichtig von staatlichen Unterstützungsmassnahmen getragene Anpassungsprozess in Ostdeutschland" [Binnenschiffahrt 1992/93, Geschäftsbericht 1992/93 des Bundesverbandes der Deutschen Binnenschiffahrt e.V.] waren Gründe für das sehr geringe Ausfallen des Wirtschaftswachstums zu Beginn der 90er Jahre. „Auch der Aufwärtstrend der Baukonjunkturkann die Auswirkungen der Stahl- und Kohlekrise nicht auffangen" [Binnenschiffahrt 1992/93, Geschäftsbericht 1992/93 des Bundesverbandes der Deutschen Binnenschiffahrt e.V.].

3.2. Die Entwicklung der Binnenschifffahrt am Beispiel Deutschlands

Während der Strassengüterfernverkehr immer weiter ansteigt, macht sich die schlechte Wirtschaftslage auch die Binnenschifffahrt bemerkbar. Im Jahre 1992 konnte die Binnenschifffahrt im Gegensatz zum Strassengüterfernverkehr (50,6%) lediglich einen Anteil von 21,7% verzeichnen.

Verantwortlich für diese negative Entwicklung sind vor allem der Rückgang der Baustofftransporte, Erzimporte und Kohleverladungen.

Auch die „Verbesserungen beim Transport von Düngemitteln und bei landwirtschaftlichen Produkten" [Binnenschiffahrt 1992/93, Geschäftsbericht 1992/93 des Bundesverbandes der Deutschen Binnenschiffahrt e.V.] konnten diesen Trend aufgrund deren geringen Anteils am gesamten Transportvolumen nicht zum positiven beeinflussen. In Ostdeutschland „zeigten sich jedoch im Jahre 1992 erste Anzeichen einer positiven Entwicklung" [Binnenschiffahrt 1992/93]. Zugewinne bei Baustoffen, Mineralölprodukten und landwirtschaftlichen Erzeugnissen konnten hier den Rückgang der Transporte für die Schwergüterindustrien „überkompensieren". Ausserdem nahm der Binnenschiffsverkehr mit Polen und der Tschechischen Republik deutlich zu.

Die folgende Tabelle [Binnenschiffahrt 1992/93, Geschäftsbericht 1992/93 des Bundesverbandes der Deutschen Binnenschiffahrt e.V.] zeigt die Entwicklung der Haupttransportgüter der Binnenschifffahrt von 1986 bis 1992:

3.2.1. Wasserseitiger Umschlag in öffentlichen Binnenhäfen Deutschlands

Jahr	Container (TEU)	Mio. t
1986	283633	1,4
1987	298111	1,7
1988	349934	2,1
1989	333778	2,1
1990	407727	2,5
1991	452458	2,6
1992	400508	2,3

4. Spezieller Teil - Binnenhäfen

In diesem Kapitel werden einzelne Häfen genauer betrachtet und deren Funktion und Bedeutung erläutert.

4.1. Rhein-Ruhr-Hafen Duisburg

4.1.2. Die wirtschaftliche Bedeutung der Häfen für die Entwicklung von Duisburg

Der Rhein-Ruhr-Hafen Duisburg ist der grösste Binnenhafenkomplex der Welt. Er besteht aus den öffentlichen Duisburg-Ruhrorter Häfen (DRH) am rechten Rheinufer und 13 werkseigenen Privathäfen und Umschlagstellen der Grossindustrie an der Rheinreede [Woitschützke, C.P.; Verkehrsgeographie, 2. Auflage, Stam].

Die Anfänge des Ruhorter Hafens reichen bis ins 14. Jahrhundert zurück. Ruhort besaß bereits im Jahre 1317 Zollrecht und verfügte über Anlegeplätze am Ruhrufer. Die erste Anlage des ursprünglich als Schutzhafen konzipierten Hafens entstand 1716 [Binnenschiffahrt 1992/93, Geschäftsbericht 1992/93 des Bundesverbandes der Deutschen Binnenschiffahrt e.V.]. Bereits im frühen Mittelalter entwickelte sich Duisburg zum Fernhandelszentrum. Gegen Ende des 18. Jahrhunderts zeichnete sich die Verlagerung der Ruhr ab. „Der Ruhrlauf wurde verkürzt und der Hauptarm an der Stadt vorbei zum Rhein geleitet, weil die Bedeutung des Hafens von seiner Lage zur Ruhr und damit von der Ruhrschifffahrt abhing" [Lehmann, H., Ruhrort im 18. Jahrhundert, Duisburger Forschungen; 1966, Hrsg. Stadtarchiv Duisburg]. Nach einer längeren Zeit der wirtschaftlichen Flaute profitierte Duisburg zwischen 1794 und 1797 von der Sperrung des Rheins zwischen Mainz und Duisburg durch die Franzosen, denn dies führte dazu, dass viele Waren auf dem Landwege bis Duisburg transportiert wurden, um dann von dort auf dem Wasserweg weitertransportiert zu werden. „Des weiteren förderten Handels- und Zollprivilegien die Attraktivität des Hafenplatzes" [Binnenschiffahrt 1992/93, Geschäftsbericht 1992/93 des Bundesverbandes der Deutschen Binnenschiffahrt e.V.]. Handelsbeziehungen bestanden wasserseitig mit Brabant, Flandern, England, Antwerpen und Brügge und im Rahmen der Hanse mit Riga, Reval und Nowgorod; landseitig mit Westfalen. Im Laufe der Zeit entwickelte sich der Hafen zum Stapelplatz für den Eisen- und Stahlwarenvertrieb.

Doch erst im Zeitalter der Industrialisierung gewann Duisburg seine grosse Bedeutung für Verkehr und Handel (wie im frühen Mittelalter) zurück. Mit zunehmendem Kohleumschlag entstand ein auf Kohletransport spezialisiertes Speditionswesen (Reedereien). Im 19. Jahrhundert siedelten sich Werftbetriebe und schifffahrtsbezogene Reparaturwerkstätten an. Dies begünstigte wiederum die Entwicklung der Industriefunktion [Binnenschiffahrt 1992/93].

www.duisburg-ports.de

4.1.3. Verkehrsgeografische Standortvorteile

Zum einen liegt Duisburg nur ca. 250 km von den Häfen Antwerpen, Amsterdam und Rotterdam entfernt, an „einem der leistungsfähigsten Flussabschnitten des Rheins" [Woitschützke, C.P.; Verkehrsgeographie, 2. Auflage, Stam]. Zum anderen befinden sich im Hafenumland das Ruhrgebiet und die sogenannte „Rheinschiene" [Woitschützke, Verkehrsgeographie] – zwei der grössten europäischen Industrieregionen - mit einer sehr hohen Bevölkerungskonzentration. Des weiteren ist die verkehrsgeografische Lage des Duisburger Hafens im „europäischen Binnenwassernetz" [Woitschützke, Verkehrsgeographie] zentral. Ebenso wie die Lage zu den europäischen Verkehrsachsen der Eisenbahn und des Strassenverkehrs. Der Hafen Duisburg hat ausserdem zunehmend „die Rolle eines Seehafenplatzes für rheingängige Seeschiffe eingenommen" [Woitschützke, Verkehrsgeographie]. Zudem bestehen sehr gute Verkehrsanbindungen zu den anderen Verkehrsträgern.

4.1.4. Struktur- und Funktionswandel des öffentlichen Duisburger Hafens

Die Duisburger Häfen wurden traditionell als Kohleaus- und Erzeinfuhrhäfen bezeichnet, denn hauptsächlich wurden diese beiden Massengüter hier umgeschlagen. Solche Massengüter (unter anderem auch Mineralöl) dominieren zwar noch immer. Doch ihre Bedeutung ist rückläufig. Auch die geringen Zunahmen beim hochwertigen Stückgut können den Rückgang der Massengüter nicht kompensieren [Woitschützke, C.P.; Verkehrsgeographie, 2. Auflage, Stam]. Der gegenwärtige Strukturwandel, in dem sich die Häfen befinden, begann im Zuge der Stahlkrise. Diese „langsam einsetzende Umstrukturierung im öffentlichen Duisburger Hafen, die darauf abzielte, Dienstleistungen für logistisch anspruchsvolle Transporte (Stückgüter, Container) anzubieten setzte einen Funktionswandel in Gang [Binnenschiffahrt 1992/93, Geschäftsbericht 1992/93 des Bundesverbandes der Deutschen Binnenschiffahrt e.V.]. Ein Bedeutungsgewinn bezüglich der Seehafenfunktion ist mit einer Zunahme des Rhein-See-Verkehrs zu erwarten [Glässer; E., Nordrhein-Westfalen, Klett, 1. Auflage, 1987]. „In Abhängigkeit vom Freihafen kann die Handelsfunktion an Bedeutung gewinnen. Die Verkehrsfunktion (wasser- und landseitig) musste in Abhängigkeit von den rückläufigen Massenguttransporten Bedeutungsverluste hinnehmen, kann diese aber in Zukunft durch kombinierte Ladungsverkehre ausgleichen... Auch die Umschlagfunktion verzeichnete wegen des abnehmenden Massengutumschlags Bedeutungsverluste. Wird zukünftig der Warenwert der umgeschlagenen Güter einer Umschlagbewertung zugrunde gelegt, wird diese Funktion an Bedeutung gewinnen, da der Umschlag von Stückgütern und Containern wasser- und landseitig zunimmt. Die Lagerfunktion gewinnt im Rahmen logistisch anspruchsvoller Güter zunehmend an Bedeutung. Auch das Angebot der Lagerkapazitäten im Freihafen, die bereits Anfang der 90er Jahre vollständig ausgelastet waren, fördert den Bedeutungszuwachs" [Binnenschiffahrt 1992/93, Geschäftsbericht 1992/93 des Bundesverbandes der Deutschen Binnenschiffahrt e.V.]. Derzeit entwickeln sich die Duisburg-Ruhrorter Häfen zu einem modernen multifunktionalen Güterverkehrszentrum mit einer breiten Palette an Dienstleistungen. Ziel ist ein grösserer Anteil am Stückgutverkehr und an der Distribution dieser Güter. Hierfür wurden Containerterminals errichtet, die alle Leistungen für Container anbieten (Ladung, Reparatur, Disposition etc.). Es stehen mittlerweile auch weitere suprastrukturelle Einrichtungen und Anlagen wie beispielsweise Schwimmkräne oder wasserüberspannende Hallen (witterungsunabhängiger Umschlag nässeempfindlicher Güter) zur Verfügung [Woitschützke, C.P.; Verkehrsgeographie, 2. Auflage, Stam].

4.1.5. Güterumschlag in Duisburg im Jahre 2001 im Vergleich zum Vorjahr

Güterumschlag 2001 (Schiffs-, Eisenbahn- und Lkw-Verkehr)	Verkehrsaufkommen	Abweichung zum Vorjahr
Güterart	in Mio t	in %
Kohle	5,5	-19
Mineralöle/Chemie	3,0	-2
Steine/Erden/Baustoffe	2,4	+41
Schrott/Sonstige Güter	1,3	-32
Massengut gesamt	12,2	-9
Eisen/Stahl/Ne-Metalle	4,8	+3
Container	3,0	+3
Stückgut gesamt	7,8	+3
Schiffs- & Bahnverkehr	20,0	-5
Lkw-Verkehr	16,3	
Gesamtumschlag	36,3	

www.duisburg-ports.de

4.1.6.   Die Zusammenhänge der Seeverkehrswirtschaft

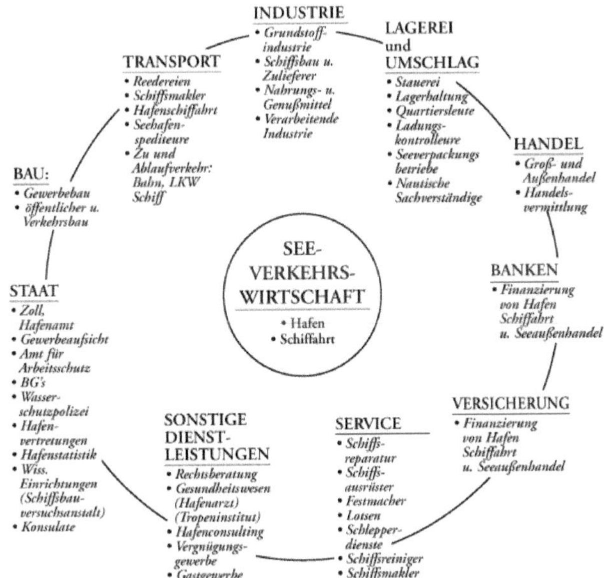

ub.uni-duisburg.de

5.   *Spezieller Teil – Seehäfen*

5.1. Welthafen Hamburg

Der Hamburger Hafen gehört zu den grössten Universalhäfen Europas. Das liegt an seinen zahlreichen Umschlag-, Lager- und Abfertigungsmöglichkeiten. Es handelt sich um einen offenen Tidehafen, also unterliegt er den Gezeiten. Mit seinen 16 m^2 zählt der integrierte Freihafen zu den grössten seiner Art. Seine Hauptaufgabe besteht darin, den internationalen Güterverkehr soweit wie möglich ohne Zollvorschriften abwickeln zu können. Der Hamburger Hafen liegt etwa 110 km von der Nordsee entfernt und muss somit von den Schiffen über die Unterelbe angefahren werden [Woitschützke, C.P.; Verkehrsgeographie, 2. Auflage, Stam]. Diese Ungunstlage ist auf den ersten Blick ein Nachteil. Verkehrsgeografisch ist diese Lage allerdings vorteilhaft. Fahrwasservertiefungen (für die grössten Containerschiffe war das Befahren der Unterelbe bis Ende 1999 nicht möglich) und ein Ausbauprogramm der Hafenanlagen erhalten die Konkurrenzfähigkeit des Hafens gegenüber den anderen grossen Seehäfen auf dem europäischen Festland wie z.B. Amsterdam, Rotterdam und Antwerpen. Die folgende Abbildung zeigt die Umschlagentwicklung (Container) des Hamburger Hafens mit den anderen Häfen der „Nord-Range".

5.1.1.

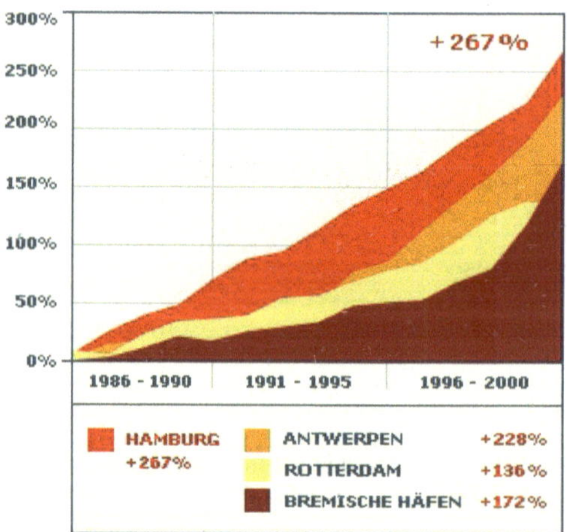

www.hafen-hamburg.de

5.1.2. Der Hafen als Motor der gesamten Region

Der Hamburger Hafen ist für die wirtschaftliche Entwicklung der gesamten Region von grosser Bedeutung. Er schafft und sichert Arbeitsplätze weit über das eigentliche Hafengebiet hinaus.

Zugleich ist Hamburg ein Hafenplatz von internationaler Bedeutung. „Damit ist Hamburg auch zwangsläufig ein Standort mit überdurchschnittlich ausgeprägtem Warenverkehr. Im Verkehrsbezirk Hamburg wurden im Jahre 1990 von den drei Binnenverkehrsträgern Bahn, LKW und Binnenschiff rund 56 Mio. t angeliefert bzw. zum Abtransport übernommen" [IHK Hamburg – Bericht 1992]. Die Hinterlandverkehre des Hamburger Hafens (35 Mio. t) machen somit einen Anteil von ca. 65 % aus.

In Hamburg sind rund 140000 Arbeitsplätze direkt oder indirekt vom Hafen abhängig. Davon gehören knapp 46500 zur Hafenwirtschaft im engeren Sinne (Speditionen, Lagerei, Schifffahrt, Umschlag usw...). Etwa 48500 Arbeitsplätze sind durch den Dienstleistungssektor und die Industrie eng mit dem Hafen verbunden (z.B. Reedereien, Handelsfirmen, Schiffsmaklereien, Banken, Versicherungen, Schiffbau...). Rund 47500 Arbeitsplätze kommen aus dem Gewerbe- und Verkehrsbau oder dem öffentlichen Bau. „Der Wertschöpfungsanteil des Hafens am Bruttoinlandsprodukt ist proportional höher als der Anteil der hafenabhängigen an der Gesamtzahl der Arbeitsplätze in Hamburg" [Logistisches Dienstleistungszentrum Hafen Hamburg – Chancen einer neuen Ära; Wirtschaftsbehörde Freie und Hansestadt Hamburg]. Nicht zu vergessen ist die Bedeutung des Hafens für den Tourismus, die Gastronomie, sowie den Einzelhandel und den Mediensektor.

Die Wechselwirkungen zwischen Wirtschaft und Wissenschaft in der Region Hamburg machen sich auch weit über die Grenzen des Standorts hinweg bemerkbar. „Die bedeutenden Impulse vieler wissenschaftlicher Einrichtungen sorgen im Hafen für modernste Umschlagtechnik und logistische Spitzentechnologie. Umgekehrt wirkt der Hafen seinerseits als treibende Kraft fördernd auf die Fortentwicklung maritimer Technologien und der Wissenschaft ein und sichert so hochqualifizierte Arbeitsplätze [Logistisches Dienstleistungszentrum Hafen Hamburg – Chancen einer neuen Ära; Wirtschaftsbehörde Freie und Hansestadt Hamburg].

5.1.3. Hamburgs Wachstum im Containerverkehr

Der Standort Hamburg ist für den Containerverkehr aufgrund der Binnenlage (110 km weit im Innenland gelegen) sehr attraktiv. „Die Marktanteilsgewinne Hamburgs resultieren ausschliesslich aus der Standortattraktivität für den Containerverkehr, die schon vor der europäischen Zeitwende des Jahres 1989 wirksam war" [Hafen Hamburg 1995, Jahresbericht Unternehmensverband Hafen Hamburg e.V.].

Diese Entwicklung bezüglich des Wachstums im Containerverkehr brachte Hamburg im Jahre 1997 erstmals auf Platz 7 in der Rangfolge der weltweit bedeutendsten Containerhäfen. „In Europa nimmt Hamburg seit 1986 hinter Rotterdam und vor Antwerpen Platz 2 ein" [Hafen HH ,95]. Mit einem Containerisierungsgrad von79,9% liegt Hamburg in der Nord-Range damit auf Platz 1 [Hafen Hamburg 1995, Jahresbericht Unternehmensverband Hafen Hamburg e.V.]. Dieser wirtschaftliche Erfolg konnte erst durch erhebliche Investitionen von Unternehmen und öffentlicher Hand ermöglicht worden. Mit diesen Investitionen wurde gleichzeitig die Grundlage für den Hafen Hamburg als zentralen Wirtschaftsfaktor für die Stadt und die norddeutsche Region gelegt werden [Behörde für Wirtschaft und Arbeit, www.hamburg.de].

5.1.3.1. Containerumschlag im Vergleich mit anderen Häfen Europas (Nord- oder Antwerpen-Hamburg – Range)

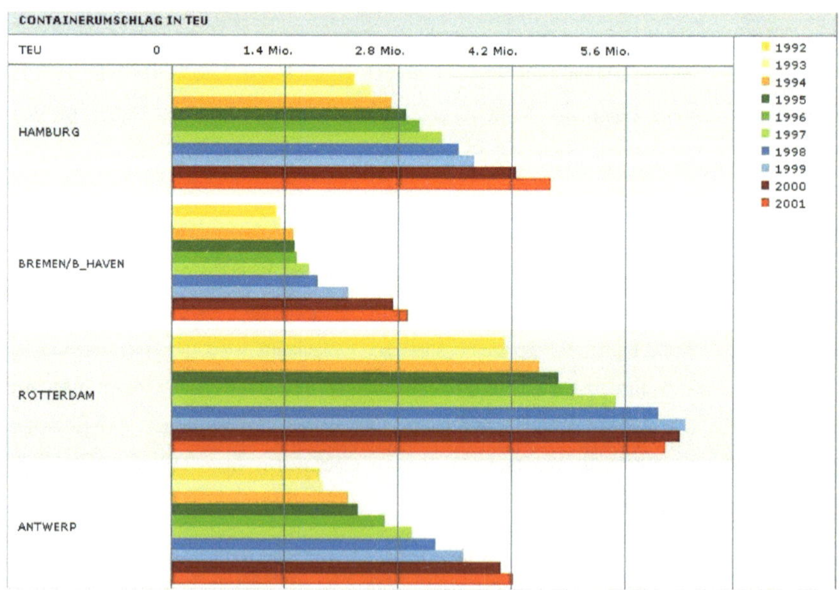

5.1.4. Dienstleistungen und Hafenlogistik am Beispiel des Hamburger Hafens

„Die Bandbreite der Dienstleistungen im Universalhafen Hamburg deckt alle Anforderungen des Hafenkunden ab. Von den traditionellen Umschlags- und Lageraktivitäten reicht das Angebot bis hin zu IT- und Kommunikationsleistungen" [www.hafen-hamburg.de/dienstleistungen].

5.1.4.1. Dienstleistungen

Bei GloMap.com handelt es sich um einen operativen, internetbasierten Marktplatz für Seewirtschaft in Deutschland. Die von GloMap.cm zur Verfügung gestellte Internet-Schifffahrtsplattform wird aus Hamburg heraus der Seeschifffahrt global angeboten. Teilnehmer (vor allem) im Seehandel können hier Frachtraten aushandeln und die Buchung von Ladungen vornehmen.

CONTINGATE stellt über das Internet eine zentrale Zusammenführung von Angebot und Nachfrage von Transportdienstleistungen und deren weiter gehenden Abwicklung zur Verfügung. Dies bedeutet eine Vereinfachung und Optimierung der Kommunikationsabläufe innerhalb der gesamten Transportkette. Hier hat der Benutzer Zugriff auf alle relevanten Informationen und Leistungen.

TELEROUTE ist eine „national und international betriebene Frachtenbörse, die auf 10 Jahre Erfahrung zurückblickt. Sie ermöglicht den angeschlossenen Teilnehmern, Informationen zu Frachten und Laderaum abzurufen" [www.hafen-hamburg.de/ti_kette/marktplatz].

5.1.4.2. Logistik

Im Hamburger Hafen erfolgt die komplette Ausfuhrüberwachung elektronisch über das IT-System „Zapp" (Zoll-Ausführüberwachung im Paperless Port), „das von der DAKOSY AG (Datenkommunikationssystem AG) im Auftrag der Hamburger Wirtschaft und der Freien und Hansestadt Hamburg entwickelt und 1997 für das Zollamt Ericus flächendeckend in Betrieb genommen wurde" [www.hafen-hamburg.de/ti_kette/dakosy]. Alle Exportsendungen gelangen in das ZAPP – System. Der Rechner prüft, ob es keine Beanstandungen gibt und vergibt für jede Sendung eine sogenannte B-Nummer, die allen Ausfuhrbeteiligten (Antragsteller, Reeder, Umschlagsbetrieb) elektronisch zugestellt wird. Nach zweistündiger Wartezeit für das Zollamt ist die Exportsendung für den Transport freigegeben.

Durch die Integration von ZAPP in den DAKOSY-Kommunikationsverbund wird der für den Zoll relevante Informationsaustausch beschleunigt.

Ausserdem werden alle Arbeitsabläufe vereinfacht und die Kontrollmöglichkeiten für den Zoll verbessert. Mittlerweile umfasst der DAKOSY-Kommunikationsverbund etwa 540 Teilnehmer aus der Seehafenverkehrswirtschaft. „Neben Seehafenspediteuren, Importeuren, Exporteuren, Linienagenten, Reedern, Kaiumschlagsbetrieben/Ladestellen ...und Verkehrsführern sind auch die verschiedenen Behörden, wie z.B. Zoll, Wasserschutzpolizei oder Feuerwehr angeschlossen [www.zapp-hamburg.de]. Das folgende Ablaufsdiagramm veranschaulicht die Arbeitsweise von ZAPP.

ZAPP – Ablaufsdiagramm

www.zapp-hamburg.de

5.1.5. HafenCity Hamburg

Die HafenCity ist das größte stadtentwicklungspolitische Vorhaben in Hamburg. Durch einen schrittweise angelegten Planungs- und Realisierungsprozess sollen ca. 155 ha Hafenflächen (inkl. Wasserflächen) unmittelbar im Süden der Hamburger Innenstadt umstrukturiert werden. Auf ca. 100 ha Landflächen können neue Gebäude entstehen mit insgesamt etwa 1,5 Mio. Quadratmetern Bruttogeschossfläche - Wohnungen für 10.000 bis 12.000 Einwohner und Dienstleistungsflächen für mehr als 20.000 Arbeitsplätze.

In unmittelbarer Nähe zum Rathaus und zum Hauptbahnhof wird die City wird um ein Stadtviertel mit einer metropolen Mischung aus Wohnen, Kultur, Freizeit, Tourismus, Handel und Gewerbe erweitert, das diese um 40% vergrößert. Dabei geben die historisch gewachsene Identität der Hamburger City und die Speicherstadt den städtebaulichen Maßstab vor für die zeitliche auf etwa 25 Jahre angelegte Realisierung der HafenCity. Die Lage am Wasser der Hafenbecken und der Elbe bietet die Chance zur Entwicklung eines lebendigen, unverwechselbaren maritimen Milieus.

Mit der HafenCity bietet sich die einmalige Gelegenheit für Hamburg, in der inneren Stadt Wohnungen zu bauen. Ein attraktives Wohnungsangebot im Kernbereich Hamburgs kann dazu beitragen, die City wieder stärker zu beleben, Menschen für eine urbanes Wohnen und die Entscheidung zu begeistern, aus Stadt und Umland in die HafenCity zu ziehen. In den übrigen Quartieren sollen Dienstleistungsfunktionen und Einzelhandel entwickelt werden, teilweise auch gemischt mit Wohnen. An den ehemaligen Kaianlagen von Sandtor-, Grasbrook- und Baakenhafen entsteht in zentraler Lage einer der schönsten Bauplätze für Investitionen in das 21. Jahrhundert.

www.hafencity-hamburg.de

Das folgende Luftbild zeigt das „HafenCity"- Gebiet rot umrandet:

www.hafencity-hamburg.de

5.1.6. Die Entwicklungsaussichten des Hamburger Hafens

Bis zum Jahre 1994 hat Hamburg seine Marktanteile vor allem im Containerverkehr steigern können. Und das sowohl im nationalen als auch im internationalen Seehafenwettbewerb. 1994 hat sich diese Entwicklung allerdings nicht fortgesetzt. „Beim Vergleich mit den konkurrierenden Universalhäfen in der Antwerpen-Hamburg-Range blieb Hamburg trotz seines guten Jahresergebnisses nur in etwa im Rahmen der durchschnittlichen Veränderungsraten" [Hafen Hamburg 1995, Jahresbericht Unternehmensverband Hafen Hamburg e.V.].

Zum Ende der 90er Jahren hin wurde ein Hafenausbauprogramm (s.o.) durchgeführt, das eine Vertiefung des Fahrwassers und einen Ausbau der Hafenanlagen beinhaltete. „Denn Voraussetzng für den wirtschaftlichen Betrieb des Hafens ist dessen ungehinderte Erreichbarkeit auch für Grosscontainerschiffe [www.hafen-hamburg.de/fhh/behoerden/]. Diese Bemühungen werden durch weitere Projekte verstärkt. „Eine neue Planungsanforderung besteht in wachsender Nachfrage nach Randflächen des Hamburger Hafens für nicht hafenbezogene Nutzungen von grosser oder gesamtstädtischer Bedeutung (z.B. HafenCity). Da es möglich war, die vorhandene Hafennutzung im Rahmen der Umstrukturierung anderswo im Hafen unterzubringen, wurde diese Gebiet der Stadt wieder zurückgegeben" [www.hafen-hamburg.de/fhh/behoerden/].

Aufgrund der „Entwicklungspotenziale und den erfolgreichen Anstrengungen der öffentlichen Hand und der Hafenwirtschaft zum Erhalt seiner Wettbewerbsfähigkeit" [www.hafen-hamburg.de/fhh/behoerden/] ist der Hamburger Hafen für die Zukunft gut gerüstet.

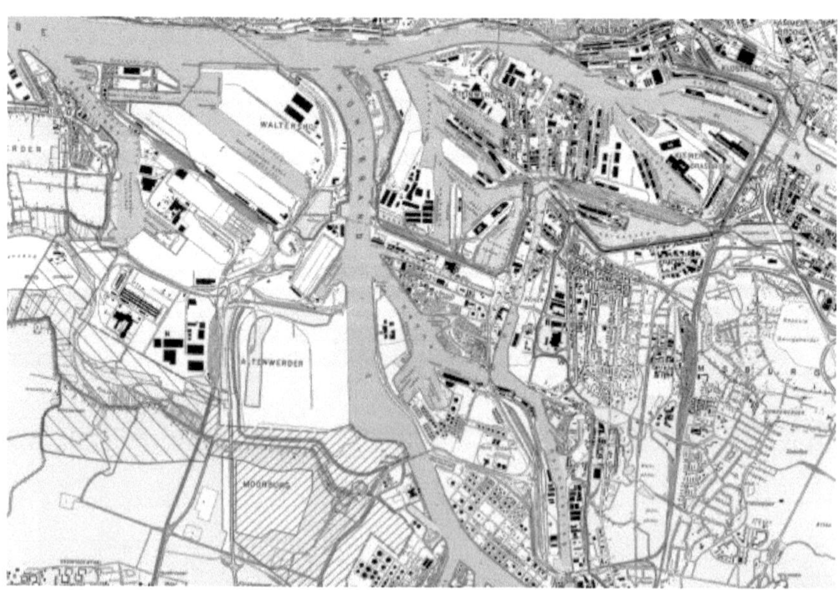

5.2. Die Bremischen Häfen

Die Bremischen Häfen bestehen aus den Hafengruppen Bremerhaven und Bremen. Bremen ist der am weitesten im Binnenland gelegene deutsche Seehafen. Im Gegensatz zu Bremen ist Bremerhaven, direkt an der offenen See gelegen, auch für grosse Containerschiffe gut erreichbar. [www.handelskammer-bremen.de].

Beide Häfen sind in die Kategorie der Universalhäfen einzuordnen. Die Häfen im Bremerhaven sind ausserdem, ebenso wie Teile des Hamburger Hafens Freihäfen.

„Eine Spezialität Bremerhavens ist der Fahrzeugumschlag". Bis zum Ende der 80er Jahre wurden hier jährlich etwa 900000 Fahrzeuge umgeschlagen [Woitschützke]. Im Jahre 1999 konnte der „grösste europäische Umschlagplatz für Fahrzeuge" bereits Umschlagszahlen von 1,1 Mio. vorweisen [www.handelskammer-bremen.de]. Die Bremischen Häfen gelten nach wie vor als Eisenbahnhäfen. „Mehr als die Hälfte aller umgeschlagenen Güter werden auf der Schiene an- oder abbefördert" [Woitschützke].

 Nach Hamburg sind die Bremischen Häfen der zweitgrösste deutsche Universalhafen. Am Umschlag gemessen zählen sie zu den 20 bedeutendsten Containerhäfen der Welt.

Durch die „Spezialisierung" oder Bedeutung der Bremischen Häfen in Bezug auf die Automobilindustrie haben sich mittlerweile viele fahrzeugbezogene Dienstleistungsunternehmen etabliert.

5.2.1. Die wirtschaftliche Bedeutung der Bremischen Häfen im Hinblick auf die Zukunft

Die wirtschaftliche Bedeutung der Bremischen Häfen ist nicht mehr in erster Linie an den Umschlagsmengen abzulesen. Der Hafenumschlag wird mehr und mehr zum Kriterium für die Standortwahl von Unternehmen. „Die Chance für die weitere Entwicklung der Hafengruppe liegt insbesondere darin, sich als Standort für komplexe logistische Dienstleistungen sowie hafenbezogenes Gewerbe zu positionieren" [www.handelskammer-bremen.de]. Dafür werden geeignete Gewerbeflächen benötigt, die durch Umstrukturierungsmassnahmen im Bereich der alten „Handelshäfen rechts der Weser" geschaffen werden [www.handelskammer-bremen.de].

5.3. „Mainport Europa" Rotterdam

Der Rotterdamer Hafen ist ein Hafen der Superlative. Er überflügelt die weltweite Konkurrenz in jeglicher Hinsicht. Dies gilt beispielsweise für die Fläche, die Umschlagtechnik oder die Schiffsfrequenzen. Rotterdam ist schon lange das bedeutendste europäische Verarbeitungszentrum für Mineralöl und Mineralölprodukte.

Etwa 70000 Menschen sind direkt über den Hafen beschäftigt. Beispielsweise in Betrieben petrochemischer Anlagen, Dienstleistungsunternehmen, Wartung und Abfertigung der Schiffe und Container sowie der Distribution. Ungefähr eine weitere viertel Million Menschen in den Niederlanden unterstützen bzw. arbeiten (ausserhalb) für den Hafen Rotterdam. Und zwar z.B. in sämtlichen Zweigen der Dienstleistungsindustrie oder des Gütertransports [Rotterdam Europort Information 1994, 33. Ausgabe, Verlag Havenkoerier bv].

Bereits im vorletzten Jahrhundert hatte Rotterdam eine grosse Bedeutung. Der Aufschwung der deutschen Schwerindustrie an der Ruhr Mitte des 19. Jahrhunderts hatte einen entscheidenden Anteil daran. „Denn durch die Lage an der Rheinmündung hatte Rotterdam ideale Voraussetzungen für die notwendigen Transitverkehre von Massengütern des Ruhrgebietes. Der Export von Kohle aus dem deutschen Revier und die Einfuhr von Erzen für die deutschen Stahlproduzenten wurden das wichtigste Standbein für Rotterdam" [Woitschützke]. So wurde Rotterdam auch erstmals internationaler Handelsplatz. Aufgrund der neuen Aufgaben wurde der Hafen weiter ausgebaut. Nach dem zweiten Weltkrieg war der Bedarf an Energiestoffen in Europa sehr hoch. Rotterdam wurde zu einem der grössten Rohölumschlagplätzen weltweit. Verschiedene Betriebe der Ölindustrie siedelten sich an. „Der Hafen stieg zum bedeutendsten europäischen Verarbeitungszentrum für Mineralöl auf" [Woitschützke].
Mit der Zunahme des Stückgut- und Containerverkehrs kamen wieder neue Aufgaben auf den Hafen zu, wie beispielsweise die Lagerhaltung oder Distribution (Güterverteilung).
Ebenfalls werden jährlich etwa 300 Mio. t Früchte durch den Hafen Rotterdam geschleust [Rotterdam Europort Information 1994, 33. Ausgabe, Verlag Havenkoerier bv].

5.3.1. Die Lagegunst Rotterdams

Rotterdam liegt in der Nähe des Ärmelkanals (die am meisten befahrene Schifffahrtsstrasse der Welt) und an der Küste der Nordsee (eines der am stärksten befahrenen Nebenmeere der Welt). Dadurch hat Rotterdam günstige Transportbedingungen für den Austausch von Gütern mit Nordsee-Anrainerstaaten und den USA. Rotterdam hat ausserdem eine Mittelpunktlage bezüglich der am meisten frequentierten Schifffahrtswege und der bedeutendsten Seehäfen Europas. Des weiteren liegen fast alle bedeutenden industriellen Verdichtungsräume West- und Mitteleuropas um Rotterdam herum. „Das Rotterdamer Hinterland ist mit einer Weltindustrieproduktion von 25% und etwa 180 Mio. Einwohnern erheblich grösser als das anderer Welthäfen" [Woitschützke].

Rotterdam verfügt über ausserordentlich gute Hinterlandanbindung, unter anderem auch über Binnenwasserstrassen (z.B. Maas). Auch die seewärtige Verkehrsanbindung ist ideal. Rotterdam weist nur einen geringen Tidenhub auf und kann somit gezeitenunabhängig angefahren werden.

5.4. Antwerpen

Im Antwerpener Hafen spielt Stückgut die Hauptrolle. „Die Hafenfirmen investieren umfangreich in Sonderanlagen für z.B. Eisen, Stahl, Forstprodukte, Personenwagen, Gefahrgut oder Zucker" [Antwerpen Wegweiser 1997/98, Kallo Verlag]. Ungefähr die Hälfte des Stückgutverkehrs ist containerisiert. Ausser Umschlags- und Distributionsfirmen gibt es im Hafen auch zahlreiche Industriebetriebe. Die meisten davon sind dem chemischen oder petrochemischen Sektor zuzuordnen. Nach Houston/Texas ist Antwerpen das grösste Zentrum der chemischen und petrochemischen Industrie der Welt. Mit über 106 Mio. Umschlagstonnen ist Antwerpen der zweitgrösste europäische Hafen und damit einer der weltweit bedeutendsten Häfen. „Das gesamte Güterpaket setzt sich aus 55% Massengut und 45% Stückgut zusammen.

5.4.1. Die geografische Lage Antwerpens als Wirtschaftsfaktor

www.portofantwerp.be

„Das geografisch besondere Merkmal des Antwerpener Hafens, der am Fluss Scheldt liegt, ist seine tiefe Lage im Landesinneren. Die Lage Antwerpens gilt in Europa als die zentralste" [Woitschützke].

Für viele Wirtschaftsgebiete Europas bedeutet die „starke binnenwärtige Lage" [Woitschützke] des Seehafens Antwerpen Kosteneinsparungen. Denn im Gegensatz zu einem Hafen mit Küstenstandort sind die Transportkosten (Vor- und Nachlaufkosten) geringer. „Das wirtschaftliche Hinterland Antwerpens umfasst eine Reihe von wichtigen Wirtschaftsregionen wie u.a. Süd- und Ostbelgien, Nordfrankreich, Elsass-Lothringen, Luxemburg, Saarland, Nordschweiz, das Rhein-Main Gebiet sowie die Rheinschiene und das Ruhrgebiet" [Woitschützke, Verkehrsgeographie].

6. Häfen im Wandel

Im Laufe der Jahre haben sich nicht nur die Strukturen und Funktionen der Häfen gewandelt, sondern auch die Berufsbilder der Menschen, die vom Hafen leben. „Hafenbeschäftigte sind vielfach hoch qualifizierte Fachkräfte. Sie sind in unterschiedlichsten Arbeitsbereichen tätig und verfügen über ein umfangreiches know-how" [Logistisches Dienstleistungszentrum Hafen Hamburg – Chancen einer neuen Ära; Wirtschaftsbehörde Freie und Hansestadt Hamburg].

Grundsätzlich hat sich auch ein Wandel in der „Struktur des hafenbezogenen Beschäftigungsangebots" [Logistisches Dienstleistungszentrum Hafen Hamburg] vollzogen. Durch die zunehmende Technisierung, Automatisierung und Containerisierung wird beispielsweise im Umschlagsbereich deutlich weniger Personal benötigt, als es noch früher der Fall war. In der Distribution hingegen, so wie im gesamten Dienstleistungsbereich, kamen dafür neue Arbeitsplätze hinzu.

Aber auch innerhalb der an die Häfen gebundenen Unternehmen vollziehen sich Veränderungen und Umstrukturierungen. Immer weniger Unternehmen übernehmen die gesamte Fertigungskette vom Rohstoff bis zum Endprodukt. Statt dessen wird sich auf einzelne Bearbeitungsschritte konzentriert. Spezialbetriebe gewinnen immer mehr an Bedeutung. Diese Entwicklung bringt gleichzeitig einen Wandel im Handel mit sich. Während der Handel mit Massengütern rückläufig ist, „nimmt der Handel mit hochwertigem Stückgut zu" [Logistisches Dienstleistungszentrum Hafen Hamburg].

Diese Entwicklung bedeutet zwangsläufig einen grundlegenden Wandel bezüglich Produktion und Handel. Auch die Verkehrswirtschaft muss sich den neuen Anforderungen anpassen. Den in der Hafenwirtschaft tätigen Dienstleistungsunternehmen eröffnen sich neue Möglichkeiten und Aktivitätsfelder.

Eine Grundvoraussetzung für die Zukunftssicherung und für Erfolg im Wettbewerb der grossen Seehäfen ist somit die weitere Fortsetzung der „Umgestaltung des Hafens zu einem lebendigen logistischen Dienstleistungszentrum" [Logistisches Dienstleistungszentrum Hafen Hamburg].

Literaturverzeichnis:

Binnenschiffahrt 1992/93, Geschäftsbericht 1992/93 des Bundesverbandes der Deutschen Binnenschiffahrt e.V. – Abgeschlossen am 15. April 1993,

Fischer Weltalmanach 1997,

Glässer; E., Nordrhein-Westfalen, Klett, 1. Auflage, 1987,

Hafen Hamburg 1995, Jahresbericht Unternehmensverband Hafen Hamburg e.V.,

IHK Hamburg – Bericht 1992,

Lehmann, H., Ruhrort im 18. Jahrhundert, Duisburger Forschungen; 1966, Hrsg. Stadtarchiv Duisburg,

Logistisches Dienstleistungszentrum Hafen Hamburg – Chancen einer neuen Ära;   Wirtschaftsbehörde Freie und Hansestadt Hamburg,

Meyer, W.; Das wirtschaftsgeographische Element bei Seehafenstandorten, in: Zeitschrift für Geographie, 1. Jahrgang, 1957, S.212,

Niklas, K.P., Singapur – Beispiel einer weltmarktorientierten Industrialisierungspolitik, 1977, Ökonomische Studien, Band 24, Hrsg.: K. Schiller, Stuttgart,

Press, H.; Binnenwasserstrassen und Binnenhäfen (=Wasserstrassen und Häfen), Teil 1, Berlin, 1956, Seite 2,

Rotterdam Europort Information 1994, 33. Ausgabe, Verlag Havenkoerier bv,

Voppel, G., Grundlagen der räumlichen Ordnung der Wirtschaft, in: Wirtschaftsgeographie und Wirtschaftswissenschaften, Frankfurter Wirtschafts- und Sozialgeographische Schriften 1984,

Voppel, G.; Die Industrialisierung der Erde, Teubner 1990,

Woitschützke, C.P.; Verkehrsgeographie, 2. Auflage, Stam,

ub.uni-duisburg.de

www.duisburg-ports.de

www.hafen-hamburg.de

www.hafencity-hamburg.de

www.hamburg.de

www.handelskammer-bremen.de

www.portofantwerp.be

www.zapp-hamburg.de

Abbildungsverzeichnis:

Woitschützke, C.P.; Verkehrsgeographie, 2. Auflage, Stam

ub.uni-duisburg.de

www.duisburg-ports.de

www.hamburg.de

www.hafen-hamburg.de

www.portofantwerp.be

www.zapp-hamburg.de